Lielākie zinātniskie atklājumi 20.gs.

Pirms vairākiem gadiem, es nolēmu izpētīt dažas

no lielākajiem atklājumiem zinātnē divdesmitajā gadsimtā. Es gribēju zināt: Kā zinātniskie atklājumi notikt? Kuras atklājumi ir nejauša un kas ir tīša?

Vai pastāv kopīgas modeļi atklājumiem?

Kā darba stilu un domāšanas atšķiras

no vienas zinātnes uz nākamo un no viena

zinātnieks nākamais? Kā radošā

process zinātnē salīdzināt ar radošu

process, humanitāro un mākslas?

Es sāku ar jautājumu maniem draugiem-astronomiem,

fiziķus, biologi, ķīmiķi, izvirzīt

lielākie atklājumi divdesmitajā gadsimtā savās jomās. Es saņēmu apmēram simts

nominācijas, un es atsijātais sarakstu uz leju

divdesmit divi.

Katrs no šiem divdesmit diviem atklājumiem ir

būtiski mainīja veidu, kā mēs apskatīt sevi un savu vietu pasaulē. Sākotnējie atklājums dokumenti paši bija burvju

par mani. Es bieži esmu bijis neizpratnē, kāpēc,

humanitārās zinātnes, mēs vienmēr lasīt oriģinālā literatūru, bet zinātnē mēs reti. Es domāju, ka

tas ir daļēji saistīts ar mītu, ka

zinātne tas ir tikai tāds, ka jautājumus.

Bet oriģinālajos dokumentos, mēs varam dzirdēt

balsis zinātniekiem; mēs varam sekot viņu

domu gājienu; mēs varam redzēt lielu domātāji

cīnās, lai saprastu savu vietu

pasaulē. Oriģinālie dokumenti ir kaut kas

ka neviena mācību grāmata kopsavilkums var aizstāt.

Lielie atklājumi divdesmitajā gadsimtā, ka es izvēlējos studēt, ir:

1. Maksa Planka atklājums kvantu in

1900 atklāja, ka enerģija nav nepārtraukta

jo cilvēki ticēja, bet patiesībā nāk maz graudos Quanta. Viņa secinājumi revolūciju kvantu fiziku un daudz

datoru tehnoloģija, kas mums ir šodien.

2. 1902. gadā, divi britu physiologists, William

Bayliss un Ernests strazds, atklāja

pirmo cilvēku hormons. Dažus gadus vēlāk, mēs

sapratu, ka hormoni veido otru

mehānisms, pēc tam, kad nervu sistēmā,

organismam sazinātos ar sevi.

3. Par Alberta Einšteina 1905 atklājums, ka gaisma

nav nepārtraukta plūsma, bet nāk maz

daļiņas, lika pamatus kvantu

mehānika.

4. Einšteina otrais liels atklājums, ka

Tajā pašā gadā, iespējams, lielākais atklājums

fizikā visu laiku, bija īpašs relativitāte.

Viņš parādīja, ka laika plūsma nav absolūts, kā šķiet, bet patiesībā, salīdzinot ar

katrs novērotājs.

Kā zinātniskie atklājumi notikt? Kā

radošs process zinātnē

salīdzināt ar radošu

process humanitārajās zinātnēs

un mākslu?

5. 1911. gadā, Ernest Rutherford konstatēja kodolu atoma-neliela daļa no apjoma atoma, kas satur gandrīz

VISU Atom s masu. Ja viss atoms bija

izmērs Fenway Park, kodols būtu

būt lielums marmora.

6. Henrietta Levits, astronomiskais asistente Hārvardas koledžas observatoriju,

publicēja grāmatu 1912. gadā, kas parādīja, cik

lai izmērītu attālumu līdz zvaigznēm, ir atklājis ārkārtīgi svarīgi astronomijā.

7. 1912. gadā, arī, Max von Laues atklāja

metode mērīšanai izvietojums

atomi cietu vielu, izmantojot rentgena stariem.

8. Neils Bohr, liels dāņu fiziķis, ielieciet

kopā idejas Planck, Einšteins, un

Rutherford 1913.gadā būvēt, teorētiski,

pirmais kvantu modelis atoma.

9. 1921. gadā Otto Loewi atklāja, ka nervi komunicēt ar otru ar sekrēcijas ķīmiskās vielas.

10. Verners Heizenbergs, viens no dibinātājiem mūsdienu kvantu fizikas, publicēja viņa slavens Nenoteiktība princips 1927. Tā, cita starpā, ka mēs nevaram prognozēt pilnīgi precīzi nākotnes no tagadnes, pat ja mēs zinājām visus likumus fizikas.Problēma ir tā, ka mēs nevaram izmērīt, vai zināt, pozīcijas un ātrumu daļiņām, vai pat vienu daļiņu, at sākotnējais brīdis laika. Papildus kam tas nozīmē, fizikā, šis atklājums ir liels filozofiskā, teoloģiskā, un ētiska nozīme.

11. Linus Pauling, 1928, kas publicēts viņa pirmais dokuments par izpratni par ķīmisko saite, spēkus, turot divus vai vairākus atomus, kopā, lai veidotu molekulu. Pauling ir Vienīgais cilvēks, kas ir uzvarējis Nobela prēmiju

gan zinātnes un mierā.

12. plaši izmantojot HENRIETTA Levits agrāko darbu, California astronoms

Edvīns Habls, 1929, atrasti pierādījumi, ka visums izplešas.

13. 1929. gadā Aleksandrs Flemings publicēja viņa

papīrs uz penicilīnu, pirmais antibiotika, kas

noveda līdz visa medicīnas apgrieziena, kas ir

saglabāts miljoniem dzīvību.

14. 1937. gadā, Hans Krebs attīstīta tagadējā

sauc Krebs cikls: ķīmisko reakciju secību, saskaņā ar kuru pārtikas produkts tiek pārveidots

enerģija atsevišķās šūnās.

15. Fiziķis Lise Meitner un ķīmiķis Otto

Hahn atklāja kodolu dalīšanos 1939 in

eksperiments, kas sastāvēja no bombardēt

urāna atomi ar neitroniem. iepriekšējos

eksperimenti, kad jūs bombardēti ļoti

smags atoms tāpat urānu ar tiny subatomisko daļiņu, jūs tikai šķeldo off mazliet

lielāks kodols. Hahn biju gaidījis

atrastu citus atomus gruveši, kas bija tikko

nedaudz mazāk masīvas nekā urāna. Bet savā ķīmiskais tests, viņš konstatēja, ka pēc bombardēšanas, paliekas, šķiet, ir ķīmiskās īpašības bārija, kas ir puse masa urāna. Tas bija kā tad, ja urāna kodols bija sadalīta divās daļās ar deminutīvs neitronu, līdzīgi sadalot kalnu divas ar akmens no katapultas. Hahn darīja eksperimentālais darbs un Meitner veikts teorētiskā interpretācija. Hahn rakstīja savā rakstā: "Kā ķīmiķi, mēs tiešām vajadzētu pārskatīt samazinājuma shēmu doto virs un ievietojiet simbolu bārija simbola vietā rādija, kas ir ļoti tuvu urāna. Tomēr, tā kā "kodolieroču ķīmiķi" strādā ļoti tuvu jomā fizikas, mēs nevaram dot sevi vēl pieņemt šādu krasu soli, kas iet pret visu iepriekšējo pieredze kodolfizikas. Tur varētu, varbūt, būt virkne neparastu sakritību kas ir devuši mums nepareizas norādes. "Of

Protams, mēs uzzinām, neilgi vēlāk, ka viņa testos bija pareizi: viņš bija atklāt bārija, un tas bija sākums kodolenerģijas vecuma.

16. Barbara Maklintoka 1948.gadā atklāja ka gēni varētu pārvietoties uz individuāliem hromosomas. Pirms tam, cilvēki domāja hromosomas bija kā fiksētu ķēdi, ar fiksētajām līnijām.

17. Rosalind Franklin, James Watson, un Frānsiss Kriks atklāja struktūru DNS 1953.

18. Max Perutz, fiziskā ķīmiķis, atklāja struktūru hemoglobīna 1960.

19. 1965. gadā, Roberts Vilsons un Arnold Penzia nejauši atklāja radio viļņus palikuši pāri no Lielā sprādziena. Robert Dicke, Princeton fiziķis, kurš bija gan experimentalist un teorētiķis, pirmais interpretēts viņu atklājums. Patiesībā, dažus mēnešus agrāk, Dicke bija paredzams, ka atstājis radio viļņi pāri no Lielā sprādziena būtu caurstrāvo

visu telpu. Viņš bija ēkas eksperimentālu aparātu, kas varētu atklāt šos radio

viļņi, kad Penzia un Wilson viņam pateicu

ka viņi uzskatīja, ka šis radio svilpt savās

antena, ka viņi neatzina. Dicke

sapratu, ka viņi patiešām ir veikts atklājums, ka viņš bija tikai mēnesi vai divus prom

no pieņemšanas pats. Penzia un Wilson

beidzot ieguva Nobela prēmiju.

20. 1967. gadā, Steven Weinberg patstāvīgi

atklāja pirmo moderno vienotu teoriju

fizikā, parādot, ka divām pamata

spēki faktiski ir daļa no tā paša spēku.

21. 1969. gadā, Jerry Friedman, ar Henry Kendall un Richard Taylor, atklāja kvarki.

Quark ir mazākais zināms elementārā

mazliet jautājumu. Kad mēs bijām skolā, mēs

teica, ka protonu un neitronu ir

vismazākās daļiņas kodolā

atoms. Kopš tā laika mēs esam iemācījušies, ka katra

protonu un neitronu sastāv no trim

kvarki.

22. 1972. gadā, Stenfordas biologs Paul Berg atklāja rekombinantās DNS, kur divi

virzieni DNS no dažādiem organismiem

ir savienoti kopā, lai izveidotu jaunu aspektu

DNS un mainīta dzīvības forma, kas nekad nav pastāvējusi agrāk dabā.

* * *

Ir divi konkrēti atklājumi, ka es gribētu

patīk aprakstīt sīkāk: Viens no tiem ir Otto

Loewi atklājums, ka nervi zināmus

ar otru ar sekrēciju ķīmiskās vielas.Otrs ir Henrietta Levits atklājums

Metodes, lai mērītu attālumus līdz zvaigznēm.

Vienā no ievērojamākajiem stāstiem par

zinātniskus atklājumus, Otto Loewi atgādināja, cik

ideja, lai pārbaudītu, kā nervi sazinās, nāca viņam sapnī: "Nakts pirms Lieldienu svētdienā [1921] Es pamodos, pagriezās

gaismu, un jotted nosaka dažas piezīmes par

tiny slīdēšanas papīra. Tad es aizmigu atkal.

Tas notika ar mani sešos no rīta, ka naktī man bija pierakstīti

kaut kas pats svarīgākais, bet es nevarēju

Pirmā kategorija ir nelaimes, kurā zinātnieks atklāj kaut kas viņam vai viņa nebija meklē atšifrēt ķeburs. Nākamajā naktī, pie 3:00 no rīta, ideja atgriezās. Tā bija dizains eksperimenta līdz noteiktu, vai hipotēze ķīmiskā pārnesumkārba [nervu impulsu, no nerviem saviem orgāniem] bija taisnība.

Es piecēlos nekavējoties devās uz laboratoriju un veica vienkāršu eksperimentu uz varde daļa, saskaņā ar nakts konstrukciju. . . . "

Laikā, kad viņa sapnis 1921. gadā, tas bija labi Zināms, ka nervu sistēma ir galvenais saziņas līdzekļi organismā.

Tika zināms arī, ka, individuālā nervu, sakaru signāls ir elektriska. ko nebija zināms, bija kā nervi transportē viņu impulsi no viena nerva uz nākamo, vai no nerva uz orgānu. Citiem vārdiem sakot, kā do nervi runāt ar pārējo ķermeni? visvairāk

biologi uzskatīja, ka nervi paziņota

ar citiem nervus un orgāniem ar elektrību. Šajā nolūkā, sīkās elektriskās strāvas

varētu plūst no viena nerva uz nākamo.

Loewi vēlu vakarā eksperiments bija ne tikai

vienkāršs, bet elegants. Viņš paņēma sirdis no

divas vardes un noņemt visus nervus no

otrais sirds. Into Abu sirdis viņš ievietots

metāla caurule, kas pildīta ar Ringera šķīdumu, kas

atbilst sāļu koncentrāciju organismā

un tur izolēts sirdis dzīvs. Tas ir grūti

iedomāties, bet šie sirdis joprojām pukstēšana

ārpus dzīvnieku. Loewi tad stimulēja Klejotājnervs no pirmās sirds-

sirds, kas bija nervus vēl pievienots.

Klejotājnervs palēnina funkcijām orgānu, un arī sirds likme pukstēšana palēninājies

leju, kā gaidīts.

Pēc pāris minūtēm, viņš ņēma šķidrumu no

pirmais sirds un izlēja to uz caurulē iet uz otro, beznervu, sirdi.

Otrais sirds palēninājās, tāpat kā tad, ja tās pašas

Klejotājnervs bija jāstimulē. tad viņš

vērsta uz akseleratora nervu, kas

paātrina visas funkcijas. Kad viņš stimulēja

akseleratora nervu no pirmās sirds, to

paātrinājusies. Tad viņš ņēma šķidrumu no

caurule, kas bija iestrēdzis pirmajā sirdī

un ielej to caurule nonākšana

Otrs sirds, kas paātrināja arī. Sniedzis neapgāžamus pierādījumus, ka rezultāti

pārraide no nerva uz orgānu, vai

no nervu uz citu nervu, ir ķīmisko,

nav elektriskās.Stimulēja nervs izdalās

ķīmiskās. Loewi atklāja neirotransmiteru.

Henrietta Leavitt maz kas ir zināms

sabiedrībai. Lielākā daļa astronomija grāmatas, pat

Šodien, satur tikai dažus teikumus par

viņai. Viņa saņēma ne medaļas, ne apbalvojumus, nē

balvas, un nav goda grādi viņas laikā

kalpošanas. Viņa atstāja aiz tikai ļoti maza

burtu skaits, galvenokārt rakstīts Edvards

C. Pickering, direktors Hārvardas koledžas observatoriju, kur viņa strādāja. tur

ir jaunākā grāmata par Henrietta Levits ar

George Johnson, kas satur lielāko daļu

cik maz ir zināms par viņu.

Levits izstrādājusi nozīmīgu jaunu metodi

mērīšanai attālumu astronomijā. kad

jums iet ārā uz skaidru naktī un meklēt

debesīs, jūs redzat tikai divdimensiju

image. Jūs nezināt, cik tālu tie

tiny gaismas punkti ir. Ja visi zvaigznes bija pats

dzidrumu-domāju, dzidrumu, piemēram, jauda, tad tuvāk tiem šķiet

gaišāku un turpmākos tiem blāvākas, un

jūs varētu spriest distance spilgtumu. bet,

patiesībā, Stars nonāk plašu dzidrumu. Tātad, ja jūs redzat maz gaismas tur telpā,

jūs nezināt, vai tas ir ekvivalents

par 1 vatu penlight, kas ir ļoti tuvu, vai a

10,000 vatu prožektors, kas ir tālu prom.

Nezinot attālumu līdz objektiem
telpa, mēs nezinājām neko par
cosmos ārpus Saules sistēmas: mēs neesam
zināt, cik liela mūsu galaktika ir vai nav
Ir arī citas galaktikas papildus mūsējiem. ko
mums ir nepieciešams, ir mazliet uzlīme uz katra zvaigzne stāsta mums
kāds ir tā jauda ir. Henrietta Leavitt atrasts
veids, liekot ka maz etiķeti katrai zvaigznei.
Viņa deva Astronomija trešo dimensiju.
Levits dzimis 4.jūlijā 1868. Lancaster,
Massachusetts. Viņa bija meita
Congregationalist ministrs, un viņa palika
reliģiskā visu viņas dzīvi. Viņa nekad nav precējusies.
No 1888-1892 studējusi klasiku, valodas, un astronomijā pie biedrības
Collegiate Instrukcija Sieviešu Cambridge, kas tagad Radcliffe koledža.
1895. gadā viņa kļuva brīvprātīgais palīgs
Harvard College observatorija, kas savieno
ducis citas sievietes, kuri strādā
tā diktatorisks direktors, Edward C. Pickering.
Šādas sievietes tika aicināti datori: viņi

burtiski aprēķināts. Darbs divās numuriem Harvard College observatorija ar apmēram astoņas sievietes uz istabu, viņi to darīja neticami cītīgs darbs. Fotogrāfija bija tikko astronomijā ap 1900. gadu, vai arī tā. ar to nāca spēju analizēt milzīgo daudzumu dati, jo viens Fotoplate varētu turēt attēlus tūkstoš vai vairāk zvaigznes.

Šīs sievietes datori tika nolīgts, lai kalibrētu un analizēt katru no šiem mazajiem punktiem

no gaismas uz Fotoplate. Tā kā šie bija negatīvi, tie bija melni. tu varat iedomāties, cik garlaicīgs un sīkumaini šis darbs bija. Pickering iznomāt šīs sievietes tāpēc, ka viņš varētu izmaksāt daudz mazāk nekā viņam būtu jāmaksā cilvēkam darīt pats darbs-un tad, kad jums bija visi šie dati

analizēt, jums nepieciešams lētu darba avots. No otras puses, šī bija pirmā iespēja daudzām sievietēm United

Valstīm, lai sāktu zinātnisko karjeru.

Ģimenes krīze 1900. gadā aicināja Levits prom

no observatoriju. Pēc prombūtnes

divi gadi, viņa rakstīja Pickering: "Es esmu vairāk

sorry, nekā es varu pateikt, ka darbs man veica ar tādu sajūsmu, un nogādā

noteiktu punktu, ar tādu prieku, jābūt

kreisi nepabeigta. "Bet 1902. gadu vecumā

trīsdesmit četriem, viņa atgriezās pie Harvard

Koledžas Observatorija un bija nolīgts pilna laika,

pie algas trīsdesmit centiem stundā, kas atbilst mūsdienu dolāru par astoņiem

dolāru stundu. Viņa pamazām kļuva kurls.

Tātad tagad iedomājieties viņas strādā pie šiem fotoplates ar tūkstoš maz plankumu

par katru plāksni pasaulē klusums.

Otrajā kategorijā,

kas ir ļoti rarefied, ir

"Principi pirmie." Here

zinātnieks sākas ar filozofisku principu un tad

pēta sekas

šī principa.

Trešā kategorija ir savlaicīgi pavediens, kurā zinātnieks, ar kurām saskaras svarīgs pavediens tikai pie brīdis, kad viņš ir cīnās ar atzītu problem.Communication Projekts Pickering piešķirts viņu, kā rezultātā viņas lielo ieguldījumu astronomijā, bija analizēt noteikta veida zvaigzni sauc Cefeīda. Šīs zvaigznes, atšķirībā no mūsu sauli, nepaliek nemainīgs spilgtumu; tā vietā viņi saņem spilgtāka, tad dimmer, tad gaišāku, tad dimmer, jo regulāri, periodiski veids, ciklos, sākot no vienas dienas līdz trīsdesmit dienas. Levits uzdevums bija novērtēt cikls reizes, un brightnesses, no grupa vāju Cepheid zvaigznēm, visi saspiedušies kopā kādā noteiktā reģionā telpu sauc Mazo Magelāna mākonī. Levits izdarīja darbojas, salīdzinot fotoplates veikti dažādos laikos, un noteikt, kura maz melni plankumi ir kļuvusi lielāka un kādi bija uzturas pats. Viņa pamanīja modelis, negaidītu viens: gaišāku Cepheid zvaigznes bija ilgāku cikla reizes.

korelācija ir pietiekami labs, ka viņa

varētu izsecināt Cepheid spilgtumu izmērot tā cikla laikā.

Šis atklājums bija kritisks, jo visi šie

zvaigznes ir vienā un tajā pašā reģionā telpā, un

lai tā varētu pieņemt, ka tie visi bija

fiziski cieši kopā. Ja viņi visi ir ļoti

cieši kopā, tas nozīmē, ka spilgtāka

zvaigznes patiesībā ir lielāks dzidrumu. tas ir

tāpat redzēt ķekars gaismas tālā of-

FICE ēka. Tā kā spuldzes ir visi

pašā vietā, jūs zināt gaišāku

tiem ir lielāka patiesā dzidrumu, vai

lielāka jauda.

Levits bija, faktiski, atrasts veids, kā likt, ka

tag par Cepheid zvaigzni, atklājot korelāciju starp raksturīgo dzidrumu un ciklu

laiks. Kad mēs zinām patieso jaudu vatos

zvaigzne, mēs varam izmērīt savu attālumu pēc tā, cik

spilgti tas parādās.

Viņas darbs tika publicēts trīs lappušu papīra

ar Harvard College Observatory Newsletter,

parakstījis Pickering. 1918. gadā, Harlow Shapley,

kurš vēlāk kļuva par observatorijas direktors un prezidents amerikāņu

Akadēmija, izmanto viņas metodi mērīšanas kosmisko attālumu, lai izmērītu mūsu galaktikas,

Piena ceļš. 1924. gadā Edvīns Habls izmantota

Levits konstatējumi, lai parādītu, ka citi galaktiku

gulēt aiz mūsējiem, un 1929, viņš izmantoja savu darbu

lai parādītu, ka visums kopumā paplašinās. Spēlējot šo paplašināšanos atmuguriski

laiks, mēs varējām secināt, ka visums kopumā sākās apmēram 10 miljardi gadu

atpakaļ. Visi šie neticami atklājumi atnāca

No Henrietta Levits sākotnējo secinājumu par to, kā

izmērīt attālumus līdz zvaigznēm.

Levits nosaukumā Hārvardas koledžas observatoriju, no sākuma līdz beigām, bija

"Palīgs." Viņa nekad lūdza kaut ko

vairāk. Viņa nomira no vēža gada 12. decembrī,

1921.gada vecumā piecdesmit trīs, nav zināms gandrīz visi izņemot dažus astronomi, kuri bija apzinās savu darbu. Neilgi pirms savas nāves, Henrietta Leavitt izrakstīja savu gribu, atstājot viņas īpašumus, lai viņas māte: grāmatu skapis un grāmatas, $ 5; aizslietni, $ 1; paklājs, $ 40; galds, $ 5; krēsls, $ 2; rakstāmgalds, $ 5; gulta, $ 15 valstīs; divi matrači, $ 10. pantā; Vienas obligācijas 100 $ seja vērtība; vienu obligāciju pie $ 48,56; vienu obligāciju 50 $.
Harvard astronoms Solon Bailey rakstīju par Levits savā 1922 nekrologs: "Her nozīmē nodokļa, taisnīgums, un lojalitāte bija spēcīga. palaist garām Levits bija īpaši klusa un iet pensijā raksturs, un absorbē savā darbā uz uusual pakāpei. "Trīs gadus pēc viņas nāves, 1925. gadā,
Profesors Mittage-Leffler no Zviedrijas
Akadēmija Zinātnieki uzrakstīja vēstuli Henrietta Levits, sakot, ka viņš vēlētos, lai nominēt viņu par Nobela prēmijai. Viņš nav zinu, ka viņa nomira pirms trim gadiem.

* * *

No manas izlases šiem divdesmit divu atklājumu, es esmu mēģinājis, lai redzētu, vai es varu veikt jebkuru

vispārinājumi. Man ir izstrādājuši ko viens

varētu aicināt taksonomiju zinātnisko atklājumu,

kurā es esmu sagrupētas visas atklājumi

sešās kategorijās. Protams, jebkura šāda taksonomijas ir subjektīvs; neviens nezina precīzi

kas notiek radošajā procesā.

īstais pārbaudījums, lai redzētu, vai šī sistēma attiecas uz atklājumiem deviņpadsmitajā gadsimtā, astoņpadsmitā gadsimta, un tā tālāk.

Pirmā kategorija ir noticis negadījums, kurā

zinātnieks atklāj kaut ko, ka viņš vai

viņa nemeklē. Aptuveni ceturtā daļa

atklājumi, ka es paskatījos ietilpst šajā

kategorija. Atklājums ar Penzia un Wilson 1965.gadā no kosmiskā fona starojuma-tiem radioviļņiem, ir piemērs

negadījums. Aleksandrs Flemings atklājums

penicilīna 1928.gadā bija arī nelaimes. viņš

ienāca laboratorijā vienu dienu un konstatēja

balta pūka aug uz viņa stafilokoku kolonijām; kur tas pieskārās kolonijas, viņi

tika nogalināti.

Otrā kategorija, kas ir ļoti rarefied,

ir "principiem pirmais." Šeit zinātnieks sākas

ar filozofisku principu un tad pēta sekas šim principam.

Premier piemērs tam ir Einšteina

atklāšana veidā laika uzvedas, ka speciālo relativitātes teoriju. Lūk, Einšteins

sākās ar filozofisko principu, ka

nav tādas lietas kā valsts absolūtā

atpūsties Visumu. Ja tu būtu automašīnā notiek ar konstantu ātrumu un velk žalūzijas

uz leju, lai jūs nevarētu izskatīties no

logs, jūs nevarētu pateikt, cik

ātri jūs pārvietojas, vai pat, ja jūs pārvietojas

vispār. No šā principa, Einšteins izsecināt

visi vienādojumi speciālo relativitātes.

Trešā kategorija ir savlaicīga pavediens, kurā

zinātnieks saskaras ar svarīgu

pavediens tieši tajā brīdī, kad viņš cīnās

ar atzītu problēmu. Barbara Maklintoka atklājums beigās 1940, ka gēni varētu pārvietoties uz hromosomām ir piemērs šāda veida. Viņa mēģināja saprast, kā pigmenta kontrolpakete gēnus Tika ieslēdzot un izslēdzot augšanas ciklā no viena kukurūzas auga.fenomens parādījās nevis izlases mutācijas, bet dažās regulārie. Kādu dienu 1946. gadā, bet meklē pie krāsas svītrām uz lapām viņas kukurūza augu, viņa pamanīja, ka šo mutāciju nāca pa pāriem. Tas bija kritisks mājienu viņa nepieciešams.

Ceturtā kategorijas ir līdzība kurā zinātnieks attiecas koncepciju vai modeli no iepriekšējā problēma.Labs piemērs tas ir Krebs atklājums ķīmisko reakciju, kurā enerģijas izdalās indivīds šūnu. Dažus gadus agrāk, viņš bija atklāja vēl vienu ciklu bioķīmijā, "ornitīnu cikls", kas sākas ar ķīmiskās sauc ornitīnu, tad pārvēršas

Citrulīna, kas pārvēršas arginīnu, pirms pagrieziena atpakaļ ornitīna. Šajā procesā, amonjaka, kas ir toksiska pie ķermeņa, ir

uzsūcas un urīnviela tiek dota off. Krebs bija

ideja ciklu viņa prātā.

Piektais kategorija ir jauni instrumenti. dažreiz

jauns instruments nāk kopā, uz ko

īpaši zinātniekam ir ekskluzīva pieeja, un

viņš vai viņa izmanto, lai veiktu lielu atklājumu.

piemērs ir Edvīns Habls atklājums

Visuma izplešanās. Es nesaku, ka

Habla nebija izcili cilvēks, bet viņam bija

ekskluzīva pieeja jaunajai simts collu

Hooker teleskops uz Mt. Wilson. Citi astronomi strādāja par to pašu problēmu, bet Habla bija lielākais teleskops, kas

pasaulē.

Pēdējā kategorija, viens, kas dod cerību ar mani

un daudziem cilvēkiem, ir tas, ko es saucu "ilgi

iemetienā, "kurā tur nav vienota izpratne,

ne viena lieliska ideja, bet lēns, stabila,

izdarīts, papildu darbs vairāk garš

laika posms, kas rada lielu atklājumu.Piemērs ir Max Perutz atklājums

no trīsdimensiju struktūras hemoglobīna, kas notika viņu divdesmit divi gadi,

1938-1960.

Ir dažas kopīgas modeļi visā tās

sešas kategorijas atklājumu. vairums atklājumi

ietver sintēzi, kurā zinātnieks

apvieno virzieniem informāciju no

iepriekšējie atklājumi. Piemēram, Bohr atklājums kvantu atoma izmantoja darbu

Planck, Einšteins, un Rutherford.

Pēdējā kategorija. . . ir

ko es saucu "tālsatiksmes"

kurā tur nav viena ieskatu, ne viena

lieliska ideja, bet lēns,

stabila, izdarīts, papildu darbs vairāk garš

laika posms, kas rada lielu atklājumu.

Vēl viens modelis, kas notiek daudz, bet ne

viss, atklājumi ir šāda secība

notikumi: Pirmais nāk pētniecības un grūti

darbs, kā rezultātā tas, ko es saucu "sagatavoja prātā. "Tad, zinātnieks būs iestrēdzis problēma. Visbeidzot, pēc iestrēdzis, viņš vai viņa būs pārmaiņas perspektīvā, jaunu veidu meklē problēmu. Lise Meitner izpratne par kodolenerģijas ½ssion sekoja šim modelis. Tā darīja Watson, Kriks, un Franklin s atklājums struktūras DNS. Un ir arī citi. Sagatavotas prāts ir kritiska. Es nezinu jebkuru piemēru svarīgiem zinātniskiem atklājumiem divdesmitajā gadsimtā, ko neapmācīts amatieri. Pat tad, kad atklājums bija nejauša, pat tad, kad zinātnieks bija nemeklē atklājumu, viņa prāts bija gatavs realizēt atklājums svarīgumu. Būt iestrēdzis ir arī ļoti svarīga daļa no radošā procesa. Tas nomākta garīgais stāvoklis-pēc tam, kad esat darījuši savu mājasdarbu, pēc tam, kad jūs zināt, kāda svarīga problēma, kas jārisina, ir, kaut katalizē radošo iztēli. Esmu redzējis šo modeli atklājumu mākslā kā arī zinātnes. Gan kā rakstnieks un fiziķis, esmu pieredzējis šo modeli atklājumu. Esmu atzina to pašu modeli, kad rakstnieki un aktieri runāt par to

radošs process. Ļaujiet man nolasīt fragmentu no

Paris Review, kas ir brīnišķīgi,

ilggadējs kopumu intervijas ar rakstniekiem.

1990. gadā, Wallace Stegner komentēja: "Es

neapmeklē meklējumos projektos. dažreiz

tie parādās pirms manas acis, un dažreiz

tie augt ilgā laika periodā, kā I

peru. "Ar gadījumā Crossing uz drošību,

viens no viņa romāniem, viņš teica: "Es zināju, ka no

sākuma tas būs grāmatu. tu

ir šī sajūta. Tas ir tāpat kā zivs uz līnijas.

Bet es nezināju, ko pasūtīt, ka tas būs

būt. Man nācās atklāt, ka ar izmēģinājumu un kļūdu. "

In Janet Sonenberg grāmata aktieris runā:

Divdesmit četri Actors Talk About procesu un tehnika, John Turturro (kurš bija vidū

citas lietas, Barton Fink un Secret Window) rakstīja: "Kad uz skatuves ir dinamiska

sāk notikt, es iešu ar to un pēc tam mēģināt

novirzīt to, too, tāpat kā jūs dzīvē.

novirzot ir svarīgi. Tad, ja es varētu nokļūt

punkts, kad es zinu, ka tas notiek, un es nezinu, ko es daru, tas ir

iedvesma. Es esmu darījusi visu savu darbu, un pēc tam

Es cenšos, lai sasniegtu šo citu dzīvo dimensiju. "

Visbeidzot, nav vienas zinātniska personība.Zinātnieks var būt drosmīgs un pašpārliecināts,

kā Einšteins vai Rutherford vai Vatsons.Zinātnieks var būt arī pieticīgs un kluss, piemēram, Levits vai Krebs vai Flemings vai Meitner. William Bayliss, kurš atklāja pirmo hormonu

1902 bija piesardzīgs, rūpīgi, iemīlējusies

detaļas. Viņa līdzstrādnieks, Ernest strazds,

bija tikai pretēja. Viņš bija ņiprs, nepacietīgs,

nodarbojas galvenokārt plašā slaucīšana lietas.

Ko visi no šiem vīriešiem un sievietēm ar kopīgiem

un to es redzēju katru atklāšana,

vai cilvēki saņēma iedrošinājumu

vai mazdūšība no saviem vecākiem, vai viņi ir revolucionārs veids vai

aizejošs tipa-bija aizraušanās zināt, milzīgais

prieks risinot mīklas, kas neatkarību

prāta.Amerikāņu biologs Barbara

McClintock atgādināja, ka vidusskolā zinātne nodarbības, "es varētu atrisināt dažas problēmas, tādā veidā, ka nebija atbildes uz

instruktors gaidīts. Tas bija milzīgs

prieks, viss process, lai atrastu šo atbildi,

tīrs prieks. "Kad vācu kodolfiziķis Lise Meitner bija maza meitene, viņas vecmāmiņa brīdināja, ka viņai nekad nevajadzētu šūt

sabatā, jo debesis būtu

sabrukušas. Tik maza meitene nolēma veikt eksperimentu. Viņa pieskārās viņai

adata viņas izšuvumu, gaidīja, un izskatījās

up; bet nekas nenotika. Tad viņa paņēma

viena dūriens, gaidīja, paskatījās uz augšu, un nekas

noticis. Visbeidzot, pārliecinājusies, ka viņas vecmāmiņa bija kļūdaina, viņa turpināja ar savu šūšana!

www.ingramcontent.com/pod-product-compliance
Lightning Source LLC
Chambersburg PA
CBHW070732180526
45167CB00004B/1719